登山健行者的救命祕笈

虎頭蜂可怕嗎

安奎博士
—著—

推薦序

與虎頭蜂共舞的智慧

在大自然無窮的繁華與秩序中,虎頭蜂憑借其獨特的生命歷程與人類生活高度交織的行為模式,成為昆蟲學領域裡不可忽視的重要研究主題。安奎教授的《虎頭蜂可怕嗎?》一書為我們帶來了深入淺出的科普知識。

在人類活動範圍與虎頭蜂的活動範圍高度重疊的今天,人們對於虎頭蜂攻擊行為的認識是相當缺乏的,甚至有許多誤解。即使學術研究上也仍然有許多未知的謎團,尚待科學家深入探討才能解密。為了讓民眾可以很容易認識虎頭蜂,安奎教授的《虎頭蜂可怕嗎?》不僅是一本闡述虎頭蜂生態與行為的科普之作,更是一部提供必要防護知識和應對策略的生活手冊。

安教授是國內少數研究虎頭蜂學者中的先驅,他對虎頭蜂的行為、習性以及人類與其之間的互動,有著深入的見解與研究。他一直衷心期盼國內學界有更多的人投入虎頭蜂研究,並且對於普及這一塊領域的正確知識充滿熱忱。在這本書中,他將這些珍貴的研究成果無私

地奉獻給大眾,這不僅是他對科學的貢獻,更體現了對社會的深厚關懷。

《虎頭蜂可怕嗎?》不僅全面闡述了虎頭蜂的生態學特性、其生命週期和季節性行為模式,還深入探討了牠們的防禦和攻擊行為,以及人類應對虎頭蜂侵擾的有效方法。書中所引用的眾多案例和研究數據,不僅豐富了讀者對虎頭蜂的認識,也提高了公眾面對自然挑戰時的自我保護意識。如同他先前出版的著作,本書勾勒出虎頭蜂與人類相互關係的輪廓,讓我們明白:在敬畏自然的同時,科學知識可以使我們避免不必要的悲劇。

此書亦為自然愛好者、教育者、登山健行者以及所有關心生態環境的人們,提供了一個學習和自省的機會。透過學習,我們能夠更加理解虎頭蜂這一強而有力的昆蟲,以及如何與牠們和諧共存。《虎頭蜂可怕嗎?》不只是一本書,它是一份指南,教導我們在欣賞大自然壯麗的同時,如何保持敬意和警覺,以及在必要時如何保護自己不受傷害。

正如安教授所展現的那樣，真正的知識傳播不應止於學術界的範疇，而應該深入到社會的每一個角落，影響每一個人。這本書的發行，我相信，將在臺灣引起對虎頭蜂研究和教育的重視，並促進人們正確理解這一重要但經常被誤解的昆蟲。

　　我對安奎教授的辛勞工作表示最深的敬意，同時也高度推薦這本書。它不僅是一本值得閱讀的科普作品，也是促進人類與自然界和諧共處的理念的橋樑。再次向安奎教授表達崇高的敬意，並推薦大家來讀這本《虎頭蜂可怕嗎？》。相信這本書，將成為我們生活上正確認識虎頭蜂必備的參考資料。

國立臺灣大學昆蟲學系教授　楊恩誠

2024.03.30

推薦序

正確認識虎頭蜂及積極預防

　　安奎博士是位無私的學者，鮮少有作者願意將書籍內容無償提供給公部門使用，安博士就是這樣的人。願意將畢生研究心血和知識提供眾人使用，我非常敬重他。

　　認識安博士是在2023年10月，當時9月分在新北市郊山區，發生長者登山過程不慎被虎頭蜂螫，造成2人死亡，公部門希望找對虎頭蜂習性了解的專家學者一起來探討預防。在國立中興大學昆蟲學系杜武俊教授引介下，認識台灣虎頭蜂專家安奎博士，並拜讀老師著作《與虎頭蜂共舞》一書。這本書將台灣虎頭蜂種類、棲息模式、預防方式，介紹鉅細靡遺，為讓第一線管理場域單位人員及山友社團，對於虎頭蜂物種認識的基礎，隨即邀請老師北上教授「預防虎頭蜂螫」講座。

　　經一連串和老師密集聯繫，安博士認為教育應從學校做起，遂無償提供電子版內容和影片。我們發文給各級學校及登山社團，指定師生研讀《與虎頭蜂共舞》，讓學校教授學生認識虎頭蜂，預防由教育做起。

安博士考量中小學校老師不是人人有昆蟲學背景，推廣預防虎頭蜂螫人，有實質上的困難。為此，他再寫一本簡要小書《虎頭蜂可怕嗎？》。提供中小學師生及登山客參考。也另外製作微電影，便於師生更瞭解虎頭蜂。

　　感佩老師因新北市政府邀約，特別再花時間將虎頭蜂資訊重新整理，耗費老師很大心血，方便公部門推動「預防虎頭蜂螫人」行動。這本書以文字搭配圖片非常方便閱讀，謝謝安博士的用心良苦。透過《虎頭蜂可怕嗎？》的記載及出版流布，為自然界虎頭蜂的生態及習性提供一個正確的認識管道。讀者多一分了解，就少一分災禍。希冀各界與民眾共同攜手在親近大自然之餘，能共創和諧樂活的安全家園。

新北市政府動物保護防疫處　楊淑方處長
2024.2.19

自序

　　2023年9月21日新北市20名平均60歲的長者，到新北瑞芳山區登山健行。途中一人不幸被一隻虎頭蜂攻擊，旁人想拿扇子驅趕，卻引來更多虎頭蜂圍攻。當時突然一群蜂傾巢而出，其他人想幫忙趕走蜂群，反而也被襲擊。當時共有11人被螫傷，最後兩人抵達醫院宣告不治。

　　事後，新北市動保處在楊處長的領導下，很努力推動「預防虎頭蜂螫」工作，非常感動。後來看到動保處發出的公文，指定各級學校老師及學生研讀拙作《與虎頭蜂共舞》一書，立意甚好。但是仔細思考後，覺得各級學校老師如果沒有昆蟲學背景，不太容易完全了解該書。因此撰寫成一本科普的小書《虎頭蜂可怕嗎？》，另外製作《預防虎頭蜂螫》、《虎頭蜂的一年》及《兇猛的虎頭蜂》三部微電影，以供參考。

　　本書共分為九章分別是Chapter 1 虎頭蜂的特徵、Chapter 2 虎頭蜂的生命週期、Chapter 3 兇猛的虎頭蜂、Chapter 4 與虎頭蜂交鋒、Chapter 5 秋季登山

注意事項、Chapter 6 遇到虎頭蜂怎麼辦？、Chapter 7 被虎頭蜂螫傷的處、Chapter 8 其他螫人的蜂類、Chapter 9 結語、延伸閱讀、附錄・虎頭蜂螫人紀錄。另有50張珍貴圖片，便於學校師生及登山活動大眾參考使用。

　　臺灣的教育體系中，完全沒有介紹「認識虎頭蜂」的項目，大學的相關學系中也沒有這類課程。但是，每年都有虎頭蜂螫人死傷訊息。期望藉此小書，讓社會大眾對虎頭蜂的行為多一點了解，減少一些傷亡。

安奎　謹識
2024.3.29

目錄 CATALOG

002　推薦序　與虎頭蜂共舞的智慧／楊恩誠
005　推薦序　正確認識虎頭蜂及積極預防／楊淑方
007　自序

虎頭蜂可怕嗎？

011　Chapter 1　虎頭蜂的特徵
016　Chapter 2　虎頭蜂的生命週期
023　Chapter 3　兇猛的虎頭蜂
038　Chapter 4　與虎頭蜂交鋒
048　Chapter 5　秋季登山注意事項
052　Chapter 6　遇到虎頭蜂怎麼辦？
054　Chapter 7　被虎頭蜂螫傷的處理
059　Chapter 8　其他螫人的蜂類
064　Chapter 9　結語
065　延伸閱讀
067　附錄・虎頭蜂螫人紀錄

圖1／可怕的虎頭蜂（ReiRei用Filmore軟體製圖）

　　每年螫死傷人最多的蜂類就是虎頭蜂（圖1），簡要介紹虎頭蜂的種類、習性及攻擊行為等。希望社會大眾，尤其是登山客，對虎頭蜂多一點了解。當遇到虎頭蜂攻擊時，知道如何應對，使受到的攻擊傷害減到最小。

Chapter 1
虎頭蜂的特徵

　　虎頭蜂的大顎堅強有力,且體型和頭部都比其他蜂類大。頭部(圖2)有一對觸角,分為柄節、梗節及鞭節。有三隻單眼、一對複眼、堅強的大顎、前方是頭楯,胸部有三對足及一對翅(圖3),腹部末端有一

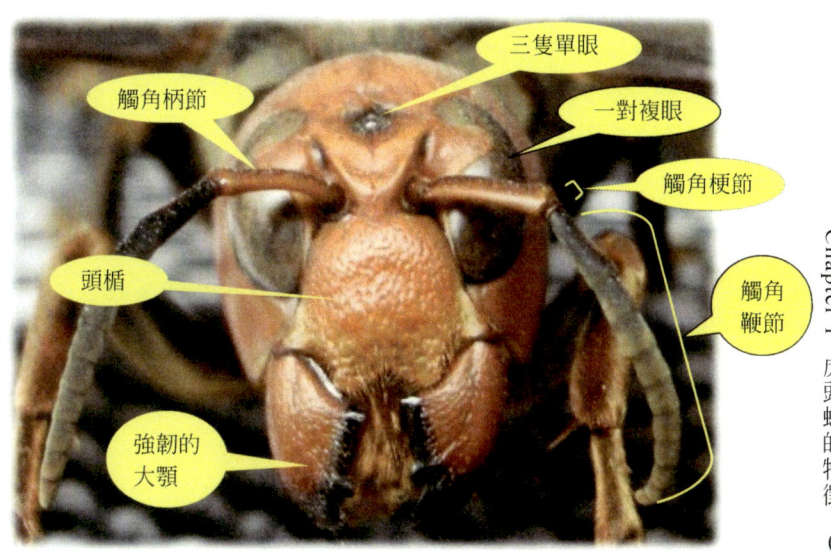

圖2／大虎頭蜂的頭部構造

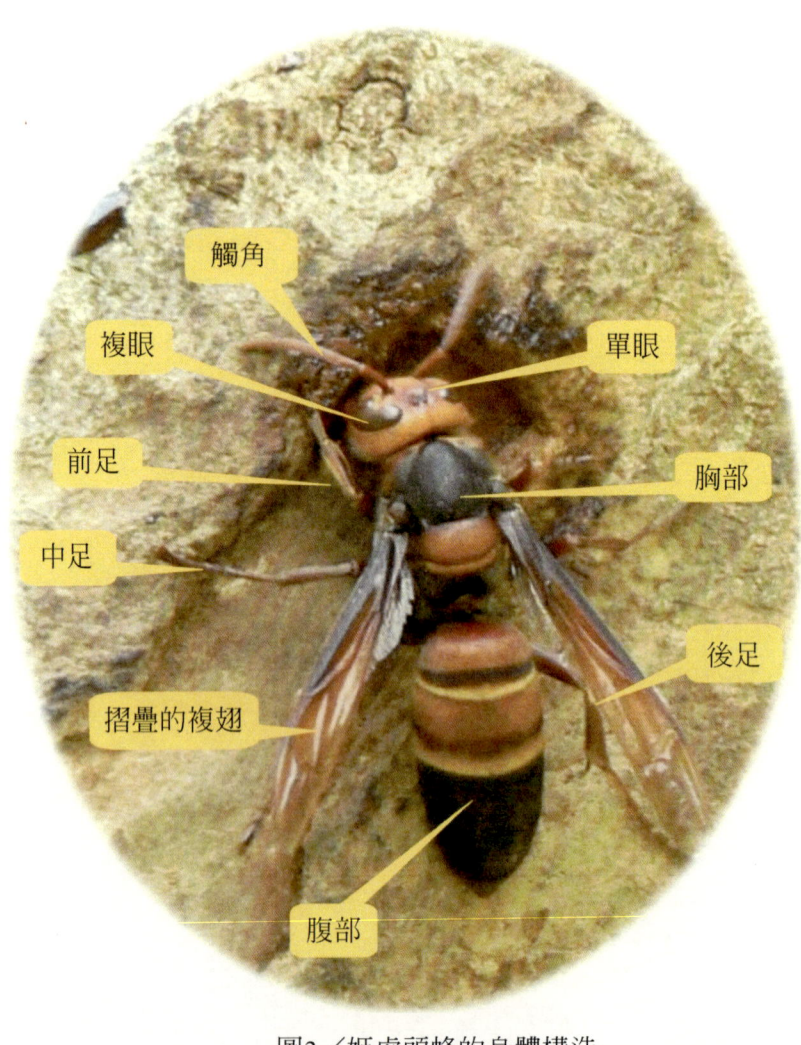

圖3／姬虎頭蜂的身體構造

圖4／姬虎頭蜂的螫針

根收藏在體內的螫針（圖4），螫人後會射出致命的毒液。虎頭蜂螫針上的倒鉤比較小，可以多次使用，只有大虎頭蜂的螫針，可能會留在皮膚上。

　　虎頭蜂巢的外殼是刮取樹的木質纖維做成，有防風、防雨、隔熱及保溫功能。如果人們用這種材料建造房屋，可以冬暖夏涼，是很好的節能住宅。蜂巢的頂部呈三角形（圖5），雨水可滑落，北方寒冷地帶的建築物，也有此種可防積雪的三角形屋頂。蜂巢外殼的上方部位，內部是特殊的空心結構，可承受30多公斤蜂巢

上　圖5／黃腰虎頭蜂巢的外殼
下　圖6／虎頭蜂巢內部的巢脾

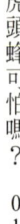
虎頭蜂可怕嗎？　014

圖7／由左至右分別為黃腰虎頭蜂的工蜂、雄蜂及蜂王（郭木傳、葉文和攝）

的重量。蜂巢內部有一層層平行排列的巢脾（圖6），巢脾之間有小巢柄連接，並承受重量。巢脾上六角形的巢室開口向下。巢室中幼蟲的頭部朝地面，倒吊在巢室中。蜂巢外殼上有一個虎頭蜂的出入口，通常會在偏中下緣部位。

　　虎頭蜂的蜂群結構與蜜蜂相似，平常一個蜂群只有一隻會產卵的蜂王（圖7），幾百隻雄蜂，及千隻到數萬隻工蜂。工蜂的數目依種類不同，而有很大差異。到了繁殖季節，蜂群中才有雄蜂及雌蜂出現。

Chapter 2

虎頭蜂的生命週期

　　虎頭蜂一年只有一個生命週期（圖8），與其他蜂類不相同，以黃腰虎頭蜂為例說明。

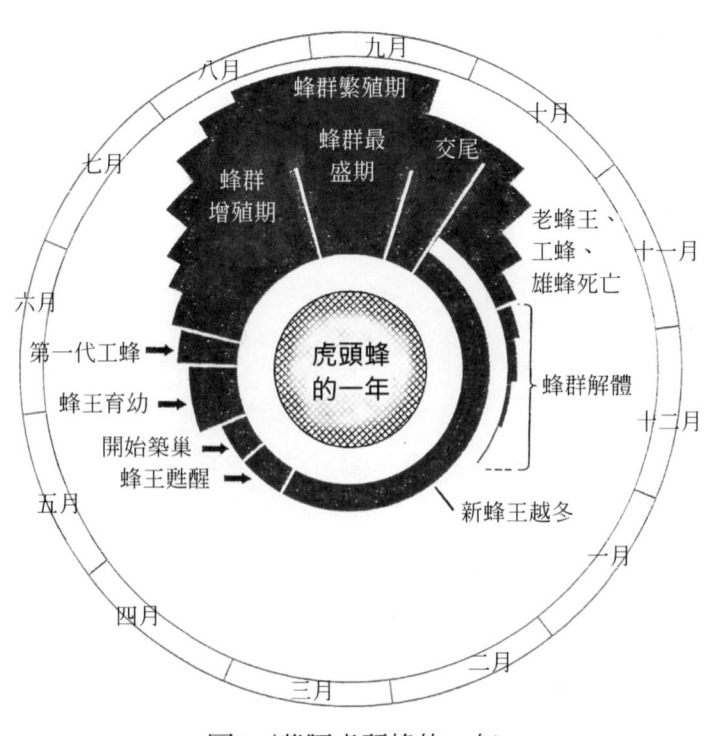

圖8／黃腰虎頭蜂的一年

圖9／黃腰虎頭蜂的小碗狀蜂巢（郭木傳、葉文和攝）

圖10／黃腰虎頭蜂巢的小管子（郭木傳、葉文和攝）

圖11／黃腰虎頭蜂的卵

春季是蜂群建立期，交尾過的新蜂王，從冬眠處甦醒開始活動。新蜂王要獨自採集築造蜂巢的材料，要擔負產卵、育幼、覓食的任務。蜂巢外殼起初像個倒掛的小碗（圖9），內部有一個小巢脾，巢脾上有許多巢室，蜂王在巢室中產卵。小碗狀蜂巢兩星期後封閉成球形，為了防阻敵害的攻擊，下方的出入口逐漸伸出一根小管子（圖10）。虎頭蜂是變態完全的昆蟲，卵期6天（圖11）、幼蟲期15天（圖12）、蛹期19～20天（圖13），從卵期到羽化為成蜂，總計40至41

圖12／虎頭蜂的幼蟲

圖13／剛羽化的成蜂、幼蟲及蛹

圖14／虎頭蜂喝水

天。6月第一代工蜂出現，蜂隻數目20~30隻。

夏季是蜂群增殖期，蜂隻數目增加到70~80隻。8月中，蜂隻數目200~300隻。夏天虎頭蜂需要喝水（圖14），並採集水分回蜂巢，以降低蜂巢溫度。

到了秋季是蜂群繁殖期，蜂隻數目達600~1,000隻。蜂巢的直徑可擴展到約30公分，蜂巢內的巢脾有

圖15／交尾過的黃腰虎頭蜂雌蜂找尋地下洞穴越冬

6~8片。9下旬至10月上旬蜂群中有雄蜂及雌蜂出現。

　　進入冬季是蜂群解體期,交尾後的雌蜂,找尋地下的洞穴越冬（圖15）。10月中旬,老蜂王、工蜂及雄蜂相繼死亡,11~12月,蜂群正式解體。次年春暖花開,新蜂王築造新蜂巢,又開始新的生命週期。當年築造的老蜂巢,棄置不用成為空巢（圖16）。

圖16／冬季黑腹虎頭蜂的空巢

Chapter 3

兇猛的虎頭蜂

臺灣兇猛的虎頭蜂有四種，按兇猛程度依次是黑腹虎頭蜂、大虎頭蜂、黃腳虎頭蜂及黃腰虎頭蜂。日本虎頭蜂專家山根爽一博士，以「防禦強度」、「輕微刺激的反應」、「追擊指數」、「刺激後防禦性的增加」為評斷虎頭蜂攻擊性之項目，四項指數總和後是攻擊性總指數，如表1。此表對虎頭蜂的攻擊性有概念的詮釋，但是實際上因客觀環境的不同，仍有很大的變化，該表僅供參考。

表1.虎頭蜂的攻擊性指數（山根爽一，1977）

虎頭蜂種類	防禦強度	輕微刺激的反應	追擊指數	刺激後防禦性增加	攻擊性總指數
黑腹虎頭蜂	3	3	3	3	12
大虎頭蜂	2	3	2	2	9
黃腳虎頭蜂	2	3	2	2	9
黃腰虎頭蜂	1	1	1	1	4
擬大虎頭蜂	1	1	1	1	4

虎頭蜂種類	防禦強度	輕微刺激的反應	追擊指數	刺激後防禦性增加	攻擊性總指數
姬虎頭蜂	0	0	0	0	**0**
威氏虎頭蜂	-	-	-	-	-

　　黑腹虎頭蜂（*Vespa basalis*），英文名black belly hornet（圖17），又稱黑絨虎頭蜂、黑虎頭蜂等。工蜂體長2.0~2.2公分。分布於海拔100~1,500公尺範圍，以200~800公尺最多。越冬的蜂王先築巢在山野地區的土穴中（圖18），春末夏初蜂巢遷移到高大的樹枝上（圖19）。此時蜂巢如受到騷擾或攻擊，或有「敵害」進入牠們的防禦範圍，就會出動螫人。秋季蜂巢迅速加大呈長橢圓形，蜂巢的出入口有2~3個（圖20），又長又寬（圖21）。一旦受到騷擾，短時間內會出動大量攻擊蜂。因為蜂巢掛在高大的樹枝上，視野寬廣，追擊敵害的距離更遠，造成的傷亡最多。持續保持警戒的時間，約有半天，甚至長達一天。黑腹虎頭蜂的攻擊性總指數最高是12，追擊距離可達50~100公尺。

　　1985年10月台南曾文水庫，黑腹虎頭蜂螫傷仁愛國小師生是當年最轟動的社會新聞，2人當場死亡、14人重傷、16人輕傷。陳老師被送到醫院時，全身有螫針孔800多個。黑腹虎頭蜂出動的攻擊蜂數目最多，毒

性最強，造成死傷人數最多，是最兇猛的虎頭蜂。據1992年山根爽一博士在台灣採集最大的黑腹虎頭蜂巢紀錄，直徑65公分、高95公分、巢脾數目可達15片，重量30多公斤（圖22）。

圖17／黑腹虎頭蜂

上　圖18／黑腹虎頭蜂新蜂王的地下巢（郭木傳、葉文和攝）
下　圖19／夏初黑腹虎頭蜂巢遷到高大的樹枝上

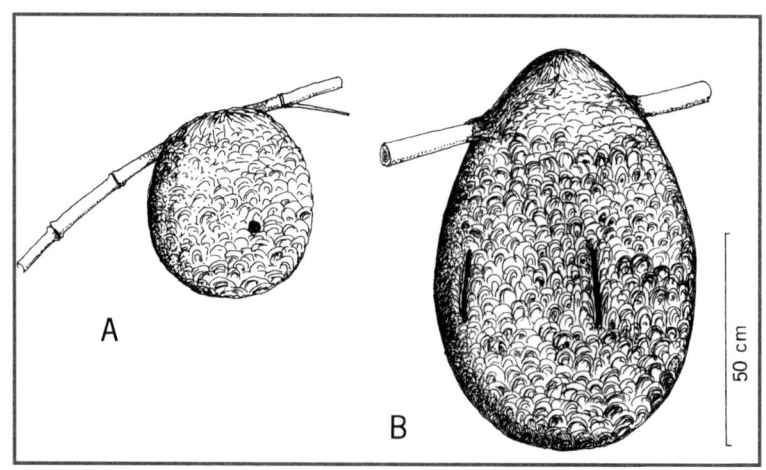

上　圖20／黑腹虎頭蜂的蜂巢：A夏季、B秋季（山根爽一圖）
下　圖21／黑腹虎頭蜂巢的，秋季呈長條形

Chapter 3　兇猛的虎頭蜂

圖22／1992年山根博士在台灣採集最大的黑腹虎頭蜂巢（山根爽一圖）

　　第二兇猛的是大虎頭蜂（*Vespa mandarinia nobilis*），英文名giant hornet（圖23），又稱中華大虎頭蜂、中國大虎頭蜂、土蜂仔、大土蜂等，是全世界最

大的蜂類。工蜂體長4.0公分。分布於海拔1,000~2,000公尺範圍,低海拔處分布零星,中北部較多。喜好集體攻擊一群蜜蜂,是山地養蜂場的重要敵害。牠們通常在荒僻山區的地下築巢(圖24),平時很少有人經過,出動攻擊的機會較少。如果受到人們騷擾,在接近2~5公尺就會攻擊。大虎頭蜂的攻擊性總指數是9,追擊距離約50公尺。因為蜂巢出入口通常只有一個,攻擊性就略差。秋末,巢脾數目4~10片。出動的攻擊蜂數目雖然較少,但是毒囊很大蜂毒也很多,造成死亡機率很高。

第三凶猛的是黃腳虎頭蜂(*Vespa velutina flavitarsus*),英文名yellow tarsus hornet(圖25),又稱黃跗虎頭蜂、黃腳仔、白腳蹄仔等。工蜂體長2.0~2.2公分。分布於海拔1,000~2,000公尺範圍,最高可達海拔2,500公尺處。越冬蜂王築巢在山野地區的土穴中,春末夏初蜂巢遷移到高大的樹上,呈不正形(圖26)。秋季蜂巢迅速加大,一個出入口也會增大,並向一邊突出像個豬嘴狀(圖27)。短時間內無法出動大量的攻擊蜂,攻擊性總指數是9,追擊距離50~100公尺。到年底,蜂巢直徑可達30~50公分,高70~100公分。巢脾數目8~12片,巢脾最多可達16片。出動的攻擊蜂數目相對較少,造成死傷人數也少。

圖23／大虎頭蜂攻擊蜜蜂

圖24／大虎頭蜂地下的巢

㉕

㉖

虎頭蜂可怕嗎？ 032

㉗

圖25／黃腳虎頭蜂獵捕蜜蜂
圖26／黃腳虎頭蜂巢掛在高大的樹上
圖27／黃腳虎頭蜂巢秋季有豬嘴狀突出

Chapter 3 兇猛的虎頭蜂　033

最溫馴的是黃腰虎頭蜂（*Vespa affinis affinis*），英文名common lowland hornet（圖28），又稱黃腰仔、黑尾虎頭蜂、黑尾仔等。工蜂體長2.2公分。分布於海拔1,000公尺以下的平地或丘陵地區。棲息在都會區或市郊的蜂群，通常築巢在窗子外、屋簷下、冷氣機上或樹枝上等（圖29）。攻擊性總指數是4，追擊距離小巢5公尺，大巢10~20公尺。黃腰虎頭蜂是在都會區螫人的主要族群，螫人的報導很多。因為出入口最小，出動的攻擊蜂數目不多，毒囊小毒液也少，造成死傷人數最少。

圖28／黃腰虎頭蜂

圖29／黃腰虎頭蜂巢築造在不同位置

　　另外,有三種少見的虎頭蜂,是擬大虎頭蜂、姬虎頭蜂、威氏虎頭蜂,螫人紀錄很少。擬大虎頭蜂,又稱小型虎頭蜂或正虎頭蜂等。外形酷似中華大虎頭蜂,但是體型較小。工蜂體長2.2~2.7公分。分布於海拔1,000~1,500公尺為主。與大虎頭蜂最大差異,是前胸背板及小盾片呈紅褐色(圖30)。姬虎頭蜂(圖

31），又稱雙金環虎頭蜂、黑尾胡蜂、臺灣姬胡蜂等，是體型第二大的虎頭蜂。工蜂體長3.2~3.8公分。分布於海拔200~800公尺最多。蜂巢築於土洞、石洞或樹洞中，蜂巢的位置隱密，比較不容易被找到。威氏虎頭蜂（圖32），又稱壽胡蜂。工蜂體長2.0公分。是海拔2,000公尺以上的物種，在海拔1,500~2,000公尺地區較少。蜂巢多築於3~4公尺高，接近溪谷的闊葉樹枝幹上。

圖30／擬大虎頭蜂與大虎頭蜂的外型差異

上　圖31／姬虎頭蜂
下　圖32／威氏虎頭蜂

Chapter 4

與虎頭蜂交鋒

列舉七個與虎頭蜂親自交鋒的案例，每個案例之後，附有問答題，藉以加深瞭解虎頭蜂的行為的參考。

個案一

1974年8月在國立中興大學昆蟲學系當助教，暑期帶領學生到中興大學的惠蓀林場實習，採集昆蟲。某天下午幾位學生抄雜草叢生的荒僻小徑返回，約10餘分鐘，學生狂奔而返，驚見後面有二、三十隻**大虎頭蜂**凌空追擊，他們一面逃一面揮舞捕蟲網，與大虎頭蜂混戰。虎頭蜂雙翅發出的嗡嗡聲，頗為震撼。不久，一位學生跑到身邊，全身虛脫倒在身上。他的太陽穴部位有一個大虎頭蜂的螫針，毒囊不停收縮放出毒液，又在他長髮中找到七個螫針。當天有八位學生被螫傷，痛苦哀嚎一整夜，幸好有驚無險沒人喪生。

Q1　為什麼大學生被大虎頭蜂追擊？
A1　因為他們在大虎頭蜂巢附近捕捉虎頭蜂。
Q2　大虎頭蜂的追擊距離有多遠？
A2　大虎頭蜂追擊距離約有50公尺。前面大部分是樹林區，所以往前跑被螫的人少。後面大部分是草原區，視野廣闊，往後跑被螫的人多。虎頭蜂追擊的距離更遠，超過50公尺。
Q3　虎頭蜂螫人會不會在皮膚上留針？
A3　大虎頭蜂螫人後，螫針會在皮膚上。

個案二

　　1978年在國立臺灣大學昆蟲系館的庭園中，整理一個小型「試驗養蜂場」，飼養了20多箱蜜蜂（圖33）。養蜂場設置2~3年後，發現有一巢**黃腳虎頭蜂**，不知何時遷入為鄰，築巢在20多公尺外的高大屋簷下。當察覺虎頭蜂時，蜂巢已經比頭還大。幸好師生與這巢黃腳虎頭蜂和諧相處，平安無事。

圖33／臺大昆蟲學系的蜂群提供中學生研究

Q1	爲什麼那時校園中的黃腳虎頭蜂沒有螫人？
A1	養蜂場的蜜蜂是虎頭蜂的食物，虎頭蜂會遷移到有充足食物的地方築巢。不騷擾或攻擊虎頭蜂及蜂巢，自然就平安無事。

個案三

　　1985年10月，臺南縣仁愛國小陳益興師生多人被螫傷亡後，幾位捕蜂人及報社記者，扛著錄影機前往出事地點，紀錄摘除蜂巢現況。捕蜂人爬上高40~50公尺

圖34／捕蜂人爬上高大的樹上摘除蜂巢，虎頭蜂滿天飛舞

的大樹上摘除蜂巢，由於爬樹振動吊掛蜂巢的樹幹，激怒了虎頭蜂。整巢**黃腳虎頭蜂**滿天飛舞（圖34），瘋狂攻擊。當時數十隻虎頭蜂從50~60公尺外的大樹上，飛來攻擊，反光的光點，黑色的攝影機、相機及走動的人們，都是攻擊的目標。當時的攝影者都得躲到蚊帳中，才能工作。

Q1	為什麼捕蜂人爬樹，虎頭蜂會飛出螫人？
A1	因為懸掛虎頭蜂巢的樹幹受到強烈騷擾，才大量出動瘋狂攻擊，螫刺是為了要驅離敵害。
Q2	在大樹上築巢的黃腳虎頭蜂追擊的距離有多遠？
A2	一般追擊距離50~100公尺，但在視野寬廣地區，追擊距離將更遠。

個案四

  2000年8月拜訪嘉義的虎頭蜂養殖場，數十個**黃腰虎頭蜂巢**掛在約2公尺高的樹枝上。當時感到非常興奮，因為從未與黃腰虎頭蜂近距離接觸，於是就在蜂巢前拍照。當時相機距蜂巢十幾公分，幾隻「守衛蜂」就已警覺，在相機的鏡頭前飛繞偵查。還有虎頭蜂在頭部四周急速飛舞，還好動作輕緩，才能相安無事。但是沒想到相機鏡頭，不小心碰觸到蜂巢上突出的小草，攻擊蜂立即出動。還好這種程度的騷擾還算輕微，刺激的反應指數只是1，攻擊性不強，出動攻擊蜂的數目也不多。好在那時立刻放輕動作，抱著相機，低頭、彎腰、大步沉穩快走，在離開蜂巢約5公尺蹲下不動，才沒被螫。但有5~6隻在頭部附近飛繞，並感覺有2~3隻在頭髮裡鑽進鑽出，並有清楚的嗡嗡聲。不料，養殖場主人衝過來，想幫忙解圍揮打虎頭蜂。說時遲那時快，頭上被螫了3針，一陣強烈刺痛，養殖場主人也被螫了2針。幸好自行用藥救治後沒有大礙，倒是難得體驗了一次被虎頭蜂螫的椎心之痛。

Q1	虎頭蜂為什麼出動攻擊？
A1	因為相機碰到蜂巢的小草，騷擾了蜂巢。
Q2	虎頭蜂出動攻擊，如何應對才能避免被蜂螫？
A2	動作輕緩，低頭、彎腰、大步沉穩快走，離開蜂巢約5公尺蹲下不動，黃腰虎頭蜂就會慢慢離去。

個案五

　　2003年10月國立臺灣大學昆蟲系館的試驗養蜂場，建立25年後發現有**大虎頭蜂**來獵捕蜜蜂。經仔細追蹤後，找到大虎頭蜂在舟山路邊，校園內一顆白千層的根部築巢（圖35），並在樹上方，找到第二個大虎頭蜂出入口。大虎頭蜂原先棲息在山區，首次在低海拔的台北市發現，問題很嚴重。兩年後，2005年10月媒體報導日本大虎頭蜂的棲息地，也隨著氣候變遷由森林地區轉往城市，並在城市中螫人造成傷亡。

Q1	為什麼臺大校園中會出現大虎頭蜂？
A1	因為大學校園中飼養蜜蜂，虎頭蜂是為了食物搬來築巢。

圖35／台大校園中的大頭蜂巢有上下兩個出入口

個案六

　　2013年8月臺中市草悟道公園，在矮樹叢中發現一個小**黃腰虎頭蜂巢**。為了紀錄虎頭蜂巢被戳的反應，撿來一段長樹枝，輕輕戳了一下蜂巢表面。經一、兩秒，虎頭蜂立刻湧出（圖36），準備攻擊。先是3~5隻在蜂巢表面快速跑動搜索，接著有7~8隻在空中飛舞搜索。一下子又湧出10餘隻，在蜂巢表面巡迴搜索。虎頭蜂飛出飛回，飛回後又在蜂巢表面搜索。因為戳蜂巢的動作輕微，且蜂巢很小，只持續搜索約8分鐘，就完全恢

圖36／戳虎頭蜂巢後攻擊蜂立即出動

復平靜。因身在5公尺之外杵立不動,虎頭蜂看不到,沒受到攻擊。黃腰虎頭蜂的追擊距離各有不同,小蜂群追擊距離約5公尺,大群追擊距離10~20公尺。蜂巢被騷擾或攻擊得愈嚴重,虎頭蜂的攻擊力道就愈強。

Q1	蜂窩被戳後,虎頭蜂的反應有多快?
A1	蜂巢被戳一、兩秒後,虎頭蜂即立刻湧出。
Q2	黃腰虎頭蜂出動攻擊的時間有多久?
A2	出動搜索約8分鐘後完全恢復平靜。蜂巢大小、蜂隻數目多少、蜂巢受到騷擾或攻擊的嚴重程度,都會影響攻擊時間。

個案七

　　2022年9月英國BBC電視台攝影團隊，來臺灣拍攝虎頭蜂影片（圖37）。經友人介紹，前往工作地點協助。工作告一段落後，大夥到**黃腳虎頭蜂**巢前合照。大約離蜂巢6~7公尺之前揮動手臂，請大家前來照相，才揮兩下就感到刺痛，一隻虎頭蜂螫了右手臂。這巢黃腳虎頭蜂被攝影團隊騷擾很多日，已處於高度警戒狀態。因此在蜂巢前近距離揮動手臂，讓虎頭蜂感受到有敵害，就主動出擊螫人。

Q1	為什麼當時在巢前揮動手臂，就會被螫。
A1	該巢虎頭蜂已被騷擾多日，在高度警戒狀態，感到有敵害，立即出動螫人。

　　經由這些案例，可進一步了解虎頭蜂的行為。與虎頭蜂在同一個活動範圍內生活，只要不敲動牠們築巢的樹幹或蜂巢附著的牆壁，大都能安然相處。虎頭蜂接近身體，不要快速拍打、不要主動攻擊、不要讓虎頭蜂感覺有「敵意」，就不會被攻擊。反之，若虎頭蜂或蜂巢受到侵犯或騷擾，將迅速出動攻擊，幾乎傾巢而出。直接螫刺攻擊，驅離敵害。

圖37／英國BBC團隊將錄影機插入黃腳虎頭巢錄影（必麥農牧攝）

Chapter 5

秋季登山注意事項

　　秋季參加登山活動，最好先向當地動保局或農業局等單位查詢，預定的登山地點是否曾有虎頭蜂螫人事件，盡量避開虎頭蜂出沒的地區，以防萬一。登山前應準備**「蜂螫急救包」**，腎上腺素筆針（EpiPen）（圖38）等。蜂螫急救包內的藥品，需洽詢專業醫師，有些藥品需依醫師處方購買。此外，可準備止痛藥，例如非類固醇抗炎劑的外用「克您痛」凝膠（圖39）、抗過敏藥物等。相關針劑須有醫療人員資格使用，方能降低傷害。

　　登山活動時，盡量穿戴表面光滑及淺色的長袖衣褲、帽子及夾克等，並穿著運動鞋，背淺色背包，因為深色及表面粗糙衣物是蜂類攻擊的目標。登山活動時，避免使用有香氣的化妝品、沐浴乳、洗面乳及洗手膏等，以免招來蜂類。

　　登山活動到人煙稀少的山區，避免進入草叢較深，或久無人跡的荒僻路徑，因為大虎頭蜂通常最喜好在這些地區築巢。秋季，虎頭蜂需大量食物，喜好在山野地

區的垃圾場、花圃區、野餐區、露營區、果園區及養蜂場等地區活動覓食，容易與登山者接觸。虎頭蜂需要喝水及採水，通常會在水源附近活動或築巢，因此到溪流地區活動也要特別小心。

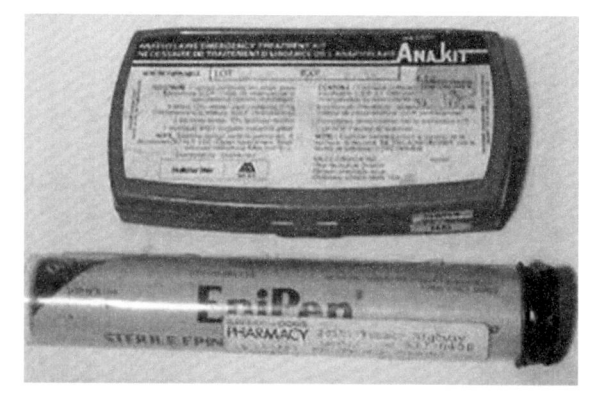

圖38／腎上腺素筆針EpiPen（含epinephrine）

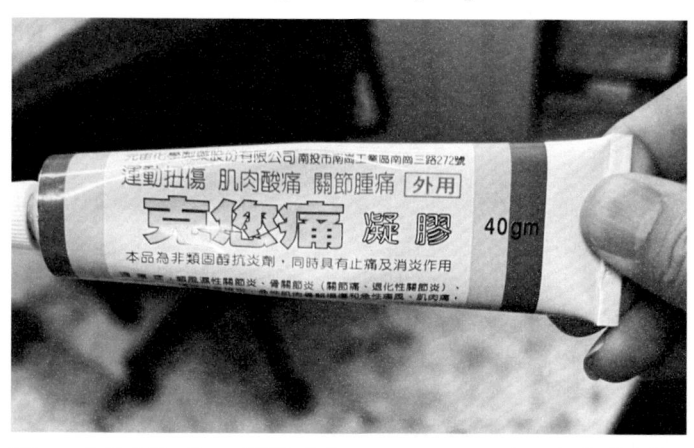

圖39／「克您痛」凝膠（含piroxicam）（必麥農牧攝）

虎頭蜂是雜食性昆蟲，需要以肉類餵飼幼蟲，所以工蜂會獵捕蜜蜂、蒼蠅、鱗翅目幼蟲等小形昆蟲，也會到肉攤（圖40）或魚攤（圖41）尋找肉類。成蜂取食含糖分食物，因此會取食果汁、水果類（圖42）等。所以，登山活動不要任意丟棄食物，例如：裝果汁的寶特瓶、吃剩的便當、罐頭及果皮等，以免招引蜂類飛來覓食。虎頭蜂偶爾會飛到烤肉區，乘人不備，偷偷切下生肉帶回巢，餵飼給幼蟲。所以殘餘食物及果皮宜用垃圾袋包好，丟入垃圾桶，可維護環境清潔，並兼顧自身安全。

圖40／虎頭蜂取食肉類
圖41／虎頭蜂取食魚肉
圖42／虎頭蜂取食水果

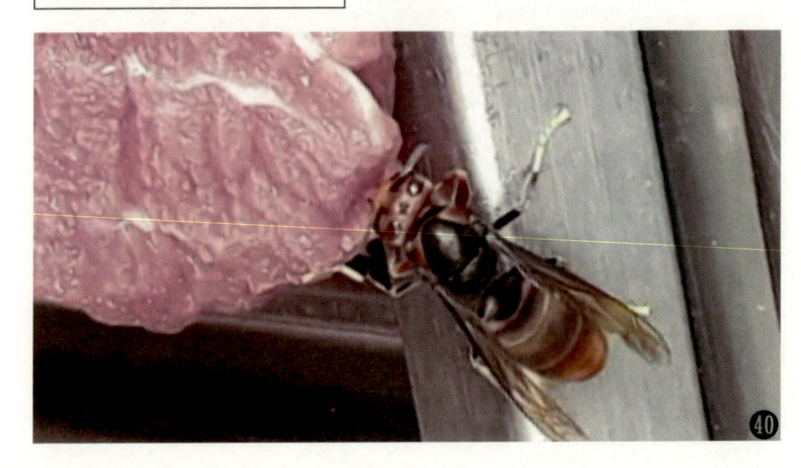

Chapter 5 秋季登山注意事項 051

Chapter 6
遇到虎頭蜂怎麼辦？

　　秋季是虎頭蜂的活躍時期，經常頻繁飛進飛出，很容易與人們狹路相逢。不論在市區或在郊外，遇上虎頭蜂時，首先不要驚慌。冷靜觀察虎頭蜂的行為，依據當時情況判斷，再採取適當的因應措施，即可降低被蜂螫的危險。

　　在山區見到虎頭蜂飛過，或**突然發現有一、兩隻飛近身邊**。這些多半是採集蜂，飛來飛去只為覓食。人體的香味會吸引虎頭蜂，以為是個會移動的花朵，緩緩飛繞一兩圈，發現沒有花蜜，就會自動離去。所以發現有虎頭蜂飛過，不動聲色，保持警覺，虎頭蜂就不會攻擊。

　　如果一、兩隻虎頭蜂**圍繞著頭部或身體打轉盤旋**，可能是先前有人或動物騷擾過蜂巢，當下就要保持警覺，不要驚擾牠們，最好離開現場。虎頭蜂發覺沒有敵害威脅，過一會兒會自動飛離。虎頭蜂靠近身體打轉時，人們本能反應的突然尖叫、搖頭躲避、拍打等，都會被攻擊。尤其是拍打虎頭蜂的手、害怕驚叫的嘴、

急速眨動的眼睛、緊張喘的鼻子，及隨風飄動的黑色頭髮，這些「快速動作」都是虎頭蜂攻擊的目標。

如果**附近的虎頭蜂數目持續增加**，可能是虎頭蜂或蜂巢已被騷擾，並且蜂巢就在附近。這時蜂群可能在高度警戒狀態。在虎頭蜂還沒螫人及發動攻擊前，朝原路沉穩大步離開現場。切忌「急速奔跑」，因為快速的跑動，容易被虎頭蜂發現，被螫的機率就會加大。

如果**已有人被螫**，更須儘速「逃離」現場。若穿著淺色及光滑表面的夾克，可包住頭部，僅露眼睛，緩慢大步離開，千萬不要就地臥倒或趴下。虎頭蜂螫人後，會發出強烈的警報費洛蒙，召來更多的同伴，出動更多的攻擊蜂。脫離現場時要注意安全，看清楚逃離方向，以免摔傷或跌落小溪、山谷。如果現場人數較多，最好分別朝不同的方向跑開，以便疏散虎頭蜂的攻擊力道。

Chapter 7
被虎頭蜂螫傷的處理

　　被虎頭蜂螫傷後，盡快通報消防局119，準確告知發生狀況及地理位置。如果無法撥通，可打112緊急救難電話，行動電話無SIM卡也可撥通。送醫之前，先讓傷患在安全地方躺下，避免因休克導致血壓降低而昏倒受傷。

　　據臺中榮民總醫院急診部臨床毒物科主任毛彥喬醫師記述，被膜翅目昆蟲如虎頭蜂等蜂類螫傷後，發生全身性過敏反應的機率是0.3%~8.9%。在全身性過敏反應傷患中，最嚴重的是過敏性休克（圖43），約占一半。過敏反應的嚴重程度因人而異，難以預期。症狀發生愈快，表示過敏愈嚴重，通常蜂螫後1小時內，可能因過敏性休克而致命。

　　過敏反應嚴重的情況，傷患會出現下列症狀：呼吸困難有雜音、舌頭腫脹、喉頭腫脹、呼吸有喘鳴聲、持續咳嗽、說話困難、聲音沙啞、頭昏、眼前發黑甚至昏厥、皮膚蒼白、腹痛嘔吐等。如在荒山野外無人協助，可依據醫師或筆針廠商提供的腎上腺筆針使用說明單操

過敏性休克的主要過敏原

食物
- 芝麻
- 花生
- 堅果芝麻
- 水蜜桃
- 貝類
- 黃豆
- 魚類
- 雞蛋
- 牛奶

毒疫（昆蟲刺傷）
- 蜜蜂
- 火蟻
- 大黃蜂

藥物
- antibiotics β-內醯胺抗生素
- 非類固醇抗發炎藥
- 生物製劑

圖43／什麼是過敏性休克（毛彥喬圖）

EPIPEN®施用簡單三步驟[1]

1. 將EPIPEN®自載管中取出,並拉開藍色安全蓋

2. EPIPEN®注射:握緊EPIPEN®並抵住大腿3秒。此時已完成注射,且EPIPEN®檢查視窗變暗。

3. 將EPIPEN®自大腿移除,並輕揉注射區域。

1. EPIPEN® solution for injection ENG PL May 2015

圖44/EPIPENR施用簡單三步驟(毛彥喬圖)

作。使用筆針時不必脫去衣物，直接將筆針轉開朝大腿中段外側注射（圖44）。症狀持續嚴重時，每5~10分鐘再施打一劑。如果症狀緩解，可原地坐起5分鐘。沒有頭暈、眼前發黑等現象，再逐漸站起。要自行評估是否能夠走路，但是仍然必須盡速就醫。因為少數患者在8~12小時內可能會發生第二次過敏症狀，或對急救藥物產生副作用。身體被虎頭蜂螫的傷口，建議不要塗抹不明藥物或尿液，以免增加感染或局部組織發炎的風險（圖45）。

　　如果不幸被20~30隻以上的黑腹虎頭蜂螫傷時（圖46），須留意全身性中毒反應。這些中毒反應，如凝血異常、血管內溶血、肝腎損傷、橫紋肌溶解、急性呼吸窘迫症候群等，通常會在3~5天內發生，有可能致命，須盡速接受專業醫療處置。建議可電詢衛服部24小時毒物諮詢防治中心（02-2875-7525轉821），或前往大型醫院的中毒急救部門求助。

上　圖45／蜂螫後塗抹姑婆竽造成組織發炎惡化（毛彥喬圖）
下　圖46／黑腹虎頭蜂螫傷，紅點是螫針孔部位（毛彥喬圖）

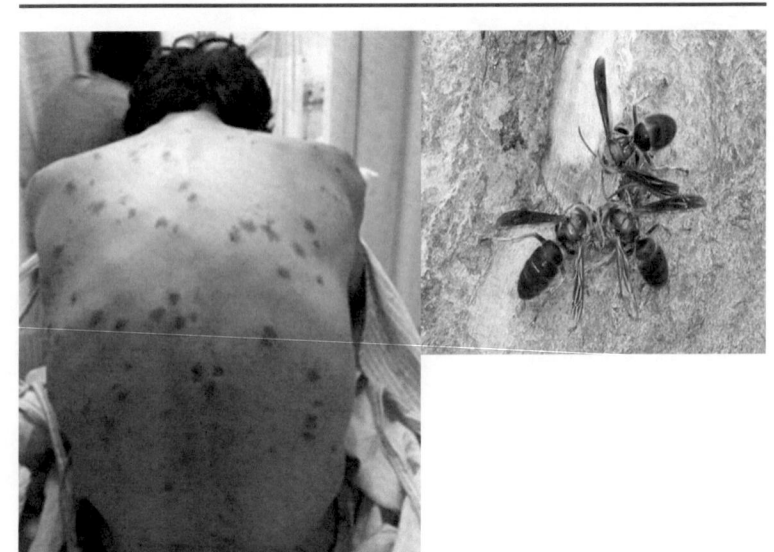

Chapter 8
其他螫人的蜂類

　　常見的其他蜂類，螫人的後果都不相同。蜜蜂（圖47）及馬蜂等蜂類螫人後會引起皮膚紅腫、發熱及刺痛等現象，但並不嚴重。只有過敏體質的人，會引起過敏性休克容易致命，要特別注意。

　　蜜蜂類的西方蜂多飼養在養蜂場（圖48），東方蜂大多在野蜂山林生活，不容易螫到一般人。馬蜂類的長腳蜂，蜂巢外型像個蓮蓬頭（圖49），在郊區及接近山區的樹枝上或屋簷下經常見到。馬蜂類的側異腹胡蜂，蜂巢吊掛樹枝上呈長條型。受到騷擾時，會集體振動雙翅驅離敵害，故又名振翅仔或閃電蜂（圖50），經常在山林地區螫傷除草工人。

圖47／西方蜂（黃智勇攝）

虎頭蜂可怕嗎？

圖48／養蜂場中飼養的蜜蜂

Chapter 8　其他螫人的蜂類　061

黃長腳蜂1.8-2.4公分

圖49╱長腳蜂及其蓮蓬頭狀蜂巢

變側翼腹胡蜂
（閃電蜂）

圖50／變側異腹胡蜂及其長形蜂巢

Chapter 9
結語

　　一年裡的秋季是虎頭蜂活躍時期，最容易發生螫人事件。不同種類虎頭蜂的蜂隻數目都不相同，數目愈多對人們的傷害愈大。同一種虎頭蜂在不同季節，隨著天候的變化、蜂隻數目的多寡、蜂巢受騷擾或攻擊的程度等，其攻擊性總指數會有很大差異。

　　因為虎頭蜂的攻擊是防禦，僅為了保護蜂群及蜂巢的安全，和人類遭受敵人攻擊時，會起而保家衛國一樣。虎頭蜂的攻擊與「敵害」的侵擾，互為因果瞬息萬變，且每種狀況均不相同。遇到虎頭蜂攻擊，沒有「百分之百有效」的預防方法。只有做好事先防護措施，遇到虎頭蜂時，依據建議原則臨機應變，即可減少傷亡。不要攻擊虎頭蜂，不要騷擾或侵擊蜂巢，是預防蜂螫的最有效方法。

　　人類及蜂類都是大自然裡的一部分，在地球上已經共存了數千年。作為萬物之靈的人類，需瞭解虎頭蜂基本的行為和習性，才能避免傷害，互蒙其利，持續在世界上和諧共存下去。

延伸閱讀

✚ 影片

戳虎頭蜂窩	https://youtu.be/HpNlrG9xqCw	
與臺灣馬蜂的一段緣	https://youtu.be/iohSjvkU08s	
黃胸泥壺蜂築巢	https://youtu.be/OpTvcSgNnRM	
黑腹虎頭蜂採集	https://youtu.be/KGDhk6f6LNg	
黃腳虎頭蜂育幼	https://youtu.be/b-d3fYunCZ8	
中華大虎頭蜂獵捕蜜蜂	https://youtu.be/pjQzAM4p76Q	
黃腰虎頭蜂攻擊蜜蜂	https://youtu.be/gG9iw2vEVYo	

✣ **書籍**

安奎　2015《與虎頭蜂共舞》，秀威資訊科技股份有限公司，236頁。

✣ **網站**

| Betterhealth | https://www.betterhealth.vic.gov.au/health/conditionsandtreatments/allergic-reactions-emergency-first-aid | |

附錄・虎頭蜂螫人紀錄

　　發生虎頭蜂螫人的地區，都是適宜虎頭蜂棲息的風水寶地，虎頭蜂容易取得食物並有適當的水源。通常虎頭蜂會與人們的活動範圍，自動保持一段安全距離。發生虎頭蜂螫人事故，大多是因為人們侵入其棲息地，並且騷擾牠們。僅將1970年起蒐集的各大媒體報導虎頭蜂螫人資料，選出12則提供登山者參考。

　　近年來，各縣市政府已經將捕蜂與捉蛇任務，交由勞務契約採購辦理，發包給廠商執行。因此，建議主辦單位要求各廠商繳交年度報告時，增列「捕捉虎頭蜂專案事項」，內容包括轄區內捕捉虎頭蜂的種類、虎頭蜂及蜂巢的照片、發生地點座標、螫人死傷數目等。一個縣市虎頭蜂的螫人紀錄，經過整理後可供各地前來登山活動的民眾參考。如果彙整全國資料，做成「虎頭蜂情報站」，對登山活動安全有很大助益。

日期	事件
1970.8.14	宜蘭縣南澳鄉東澳村的西帽山。臺灣省地質研究所測繪室主任，余×興及余×仁父子，被草叢中的虎頭蜂圍攻。未及時送醫急救，不到7小時喪命。
1980.11.13	虎頭蜂猖狂，中央山脈東郡大山幾乎成為禁區。山友楊×郡等三人與兩位山胞，由無雙山線縱走東巒大山七天，發現虎頭蜂密布整個山區。進入山區的兩個出路口，無雙吊橋及望安吊橋的前後都發現毒蜂。無雙吊橋附近發現4~5個蜂巢，山友林×世在這個地區被螫重傷，幾乎喪命。楊×郡表示一路上都有虎頭蜂哨兵盤旋，吃飯喝水都不敢逗留，一路像逃命一般。本來要縱走到七彩湖，看情況不對，丟下六七天糧食，提早下山。隊中原住民伍×生曾在無雙獵寮用鍋蓋打死25隻虎頭蜂，附近也有蜂巢。
1983.10.24	南投縣仁愛鄉萬大水庫附近山區。台北來的登山隊遭虎頭蜂攻擊，女隊員朱×鳳被螫死。法醫相驗身上有螫針孔100多個，密密麻麻。令人怵目驚心。
1985.9.2	南投縣埔里鎮獅子頭對面的112林班。游×葵同十多友人帶十餘隻獵犬打獵，踩到土蜂巢。土蜂群起而攻，游先生立即逃跑。有人叫游先生立即趴在地下避難，不幸被土蜂螫死。

日期	事件
1999.8.1	苗栗縣泰安鄉汶水溪溫泉區。遊客徒步前往汶水瀑布途中,約20分鐘經過林務局攔沙壩時,第一批遊客參觀瀑布受到虎頭蜂攻擊。在橋頭及岩壁上有兩個虎頭蜂巢,遊客玩射水遊戲時,不幸射中蜂巢,蜂巢被遊客破壞。因此這隊遊客21人均遭蜂螫,螫針孔少者5~6處,多者10~20處。泰雅族嚮導林×水掩護遊客,也被螫30多針。
1999.9.9	台北縣(今新北市)江翠國中校園10名師生被螫傷。當日清晨台北縣消防隊接獲校方通知,校園內有一個籃球大小的虎頭蜂巢。消防隊因顧慮虎頭蜂飛舞會螫傷學生,避免白天摘除蜂巢,晚上摘除較好。訓導處廣播提醒學生,不得靠近蜂巢。上午10點多,第三節課上課後發生虎頭蜂螫人,10名師生被螫傷。事後經消防隊勘查,虎頭蜂窩的出入口已經變成一個大洞口,樹下還有好幾顆小石頭及蜂巢的碎片。原因是有學生戳了虎頭蜂窩,造成師生被螫。
2003.8.9	東海大學建築系教授洪×雄,在校內教師宿舍整理庭院,被虎頭蜂螫了2針,引發休克反應。送台中榮總救治7天,不幸死於急性心肌梗塞。毒物科主任洪東榮指出,七月至今榮總共接獲4起虎頭蜂螫,引起急性過敏休克反應的病例,是以前未見過的現象。

日期	事件
2010.8.4	花蓮縣壽豐鄉水璉山區驚傳虎頭蜂襲人，造成父親受傷，女兒墜崖。空勤直升機出動救援，其中墜崖的20歲女子孫×晴宣告不治，死因為蜂毒導致橫紋肌溶解。
2013.8.8	宜蘭礁溪鄉，47歲吳姓工人在林美的淡江大學校園，用割草機割除雜草，被虎頭蜂螫傷。突然用手遮頭，告知同伴被虎頭蜂螫傷。說完兩分鐘，口吐白沫倒下，失去意識。經火速送陽明大學附設醫院急救，已回天乏術。主治醫師劉世偉說，蜂螫最怕就是過敏反應。如果曾被螫傷，體內對蜂毒的蛋白質產生抗體。萬一再遭蜂螫，幾分鐘就會休克。吳先生三個月前曾遭蜂螫，並被救回。
2014.5.12	50歲邱姓工人在台7線49公里處施工，被虎頭蜂螫。消防隊出動，抵達時邱男倒臥在駕駛座上，臉紅腫昏迷。桃園縣（今桃園市）消防局巴陵消防隊員黃×翔，到現場後推斷是過敏性休克。緊急施打腎上腺素，送醫途中不見好轉，再施打一劑。約10分鐘狀況好轉，救護車抵達國軍桃園總醫院前，已經可以向救護人員答謝。黃×翔是高級救護員，有注射針劑的許可資格。
2016.10.20	新竹縣消防局接報，關西鎮石牛山六名登山客被虎頭蜂螫傷。一名53歲羅姓男子情況最嚴重，頭部、胸口及背部共30多處遭螫傷，送醫時雖然意識清醒。住院治療三天後，因多重器官衰竭宣告不治。

日期	事件
2022.10.5	新北市1名68歲鄭姓男子,至新莊青年公園修剪樹枝時慘遭虎頭蜂攻擊。鄭男原本被螫傷時意識清醒,不料送醫後沒多久竟腦出血。醫師懷疑因蜂毒導致凝血異常,緊急開刀後在加護病房,治療15天仍不治身亡。

Do科學17 PB0047

虎頭蜂可怕嗎？
——登山健行者的救命祕笈

作　　者／安　奎
責任編輯／陳彥儒
圖文排版／楊家齊
封面設計／王嵩賀

出版策劃／獨立作家
發 行 人／宋政坤
法律顧問／毛國樑　律師
製作發行／秀威資訊科技股份有限公司
　　　　　地址：114 台北市內湖區瑞光路76巷65號1樓
　　　　　電話：+886-2-2796-3638　傳真：+886-2-2796-1377
　　　　　服務信箱：service@showwe.com.tw
展售門市／國家書店【松江門市】
　　　　　地址：104 台北市中山區松江路209號1樓
　　　　　電話：+886-2-2518-0207　傳真：+886-2-2518-0778
網路訂購／秀威網路書店：https://store.showwe.tw
　　　　　國家網路書店：https://www.govbooks.com.tw

出版日期／2024年10月　BOD一版　定價／220元

|獨立|作家|
Independent Author

寫自己的故事，唱自己的歌

版權所有・翻印必究　Printed in Taiwan　本書如有缺頁、破損或裝訂錯誤，請寄回更換
Copyright © 2024 by Showwe Information Co., Ltd.All Rights Reserved

讀者回函卡

虎頭蜂可怕嗎?：登山健行者的救命祕笈/安奎著. --
一版. -- 臺北市：獨立作家, 2024.10
　面；　公分. -- (Do科學；17)
BOD版
ISBN 978-626-7565-02-5(平裝)

1. CST: 蜜蜂

387.781   113014014

國家圖書館出版品預行編目